精致公寓
Classic Apartment

亚 太 名 家 设 计 系 列
Masters'DesignInAsia-Pacific

本书编委会 编

中 国 林 业 出 版 社
China Forestry Publishing House

目录 ▶

contents

Looking for a quiet
寻找宁静

设计单位：福建国广一叶建筑装饰设计工程有限公司　　**设计师：**朱文力

　　本案定位为田园风格，作品力图表现出优雅与简洁相结合的精致感，以求在繁忙嘈杂的都市中，营造一个可以完全放松、回归自然的生活场所。线条流畅、尺度亲切适宜，呈现出经典、朴素、简约的生活之美。它所带来的是质朴、舒缓的家庭氛围。

　　本案厨房、餐厅、起居室之间形成一种全开放式的格局，增强了空间通透性，也增加了使用率。在米色的墙面色调中，墨绿色的肌理漆壁炉、拱门、厨房墙地砖的颜色呼应和装点，使一切都变得是那么和谐而融洽。壁炉及沙发的摆设，自然围合出家人团聚时的场所。而壁炉边上的密度板雕花隔断，起到屏风的作用，使动静分离，让主人可以独享书房的宁静。本案通过尽量朴素的方式，在空间的流动中留下时光的记忆片段，表达出放松的生活态度。

建筑面积：100 平方米

项目地点：福建福州

主要材料：肌理漆、艺术壁纸、艺术砖、水曲柳木纹板、实木地板、密度板雕花

平面布置图

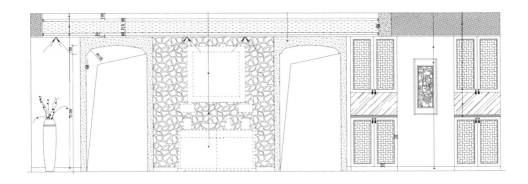

客厅立面图

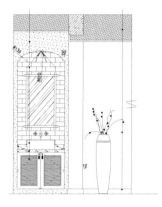

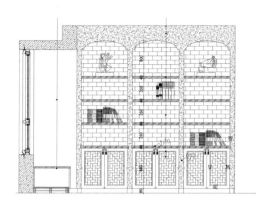

书房立面图

Soon the rhyme
淳之韵

设计单位：福建国广一叶建筑装饰设计工程有限公司　**设计师：**罗正环

　　简约不等于简单，它是深思熟虑后经过创新得出的设计和思路的延展，不是简单的"堆砌"和平淡的"摆放"，但是它凝结着设计师的独具匠心，既美观又实用。简约的背后也体现一种现代"消费观"。即注重生活品位、注重健康时尚、注重合理节约科学消费。静谧的空间，有着属于自己的一份美丽心情，和着盛夏傍晚的微风，拂动着窗外苍翠欲滴的枝叶，无声无意间，吹落了一地花瓣儿的情絮。

　　不再向往，不再迷恋，便是一种归依，有家的依恋便是一种幸福。私享在一种简单充满着质感的生活空间里，裸脚触地的节奏声，仿佛都夹着一种甜蜜逸趣的味道。幸福就是这样，总是在不经意间，总是在每一个角落，因为这里的每一个设计细节语言，都畅想着一段辛苦并快乐的故事，虽然没有表面繁琐的装饰语言，却有着严重自我表情属性。喜欢就是喜欢，便是唯一。

建筑面积：120 平方米
项目地点：福建福州
主要材料：实木地板、金蜘蛛大理石、墙纸用灰镜

平面布置图

主卧室立面图

Sea-blue style
海蓝风情

设计单位：阿珞室内设计（北京）有限公司　**设计师：**张颂光

地中海文明一直在很多人心中都蒙着一层神秘的面纱，给人一种古老而遥远的感觉。对于久居都市的现代人而言，地中海风格给人们以反璞归真的感受，也体现了对更高生活质量的向往。

此户型为经典的三房设计，在室内环境中力求表现悠闲、恬静、自然的田园生活情趣，达到热情却不张扬的内在魅力。在空间的布置上将原本门厅并入了客厅的空间，使得较为局促的客厅变得宽大起来，通过两个拱形洞口将客餐厅进行了有效的空间分隔，增加了空间的趣味性。主卧套的空间设计中，将卧室、更衣间及主卫规划成为一个整体，既符合人性化的使用，又强调了私密空间与开放空间的相互渗透。设计师将儿童房的设计定位成以航海为主题的男孩所使用的空间，上白下蓝的素雅壁纸、蓝白相间的窗帘及床幔、超大的储物台面及隔板摆放了各种充满童趣的玩具，突出了孩童的顽皮，墙面的照片墙也把孩子向往航海的愿望表现的一览无余。

项目名称：融科东南海地中
建筑面积：102 平方米
项目地点：长沙
主要材料：编织木造型、布
装饰画、壁纸

Beijing ONE
北京 ONE

设计单位：北京丽贝亚建筑装饰工程有限公司　**设计师：**谭晓明

　　外形简洁，极力主张从功能观点出发，着重发挥形式美，强调室内空间形态和物件的单一性、抽象性，重点采用最新工艺与科技生产的材料相结合。与建筑的高科技理念（恒温、恒湿、智能化家居理念）交相辉映。在注重居室实用性同时，又体现了工业化社会生活的精致与个性，符合现代人的生活品位。

　　软装材料选择上坚持"让形式服从功能"，一切从实用角度出发，废弃多余的附加装饰，点到为止。采用烤漆、玻璃、不锈钢、皮毛、进口布艺、水晶等多种材质整合打造在整体装饰中，充分考虑环保与材质之间的和谐与互补，形成一种非常低调的后现代奢华风格。色彩上大胆采用黑色、白色和灰色与纯色进行搭配，时尚而不喧闹。

建筑面积：128 平方米

项目地点：北京

主要材料：烤漆、玻璃、不锈钢、毛皮、布艺、水晶

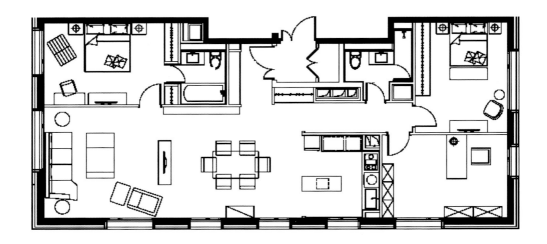

平面布置图

Magnificent
瑰丽

设计单位：福建国广一叶建筑装饰设计工程有限公司　**设计师：**罗正环

　　本案定位为现代与典雅而又富有动感活力的时尚风格。现代与典雅作为一种生活态度，多了几许个性韵味，更具名族化和时尚魅力。瑰丽而浮华，处处散发悠远动人的魅力。

　　80平方米能装出怎样的空间效果？既要满足视觉审美需求，又要有功能齐备的生活空间，这个设计案例将诠释如何在有限的空间内，以娴熟的技法创造出舒适、实用并兼具强烈的视觉冲击力的多重空间装饰效果。

项目名称：钱隆金山某住宅
建筑面积：80平方米
项目地点：福建福州
主要材料：水曲柳、壁纸、钢
面、复合石材

平面布置图

Urban impression
都市印象

设计单位：威利斯设计　　**设计师：**蒋娟

　　本案定位于现代简约风格，简约而不简单。房子户型动静分区合理，设计师还是进行了局部的改造，使其功能区域更为完备。进门处增加了玄关，保证了主人的私密性。厨房与卫生间之间也进行了简单的改造，增加了冰箱的位置，布局更为合理。

　　会客区吊顶部分打破了传统的横平竖直，根据不同功能区域的划分，既有区别又有联系，石膏线与原木色饰面板相结合，形成一个不规则的多边形，视觉上丰富多变，别具一格。进门右手处是餐厅，一侧利用墙壁设计成简单的装饰酒柜，餐桌、几把座椅、色彩斑斓的成品装饰画、吊灯即构成餐厅全部，简约而温馨。客厅非常注重层次感，尤其是电视背景墙部分，采用明镜、原木色饰面板、无框玻璃门、咖啡色皮纹砖、百叶窗等不同的材质巧妙组合而成，与休闲区隔而不断，又延展了视觉空间。卧室当然主打温馨安逸，主卧没有使用大灯，而是通过筒灯、壁灯、隐藏灯的不同灯光来营造舒适的环境。

建筑面积： 130 平方米

项目地点： 苏州常熟

主要材料： 皮纹砖、仿木纹矿
爵士白大理石、车边镜、壁纸
地板

平面布置图

Home · Edge
家·缘

设计单位：福建国广一叶建筑装饰设计工程有限公司　**设计师：**陈榕锦

　　本案设计从开始沟通时业主就要简约、大气，不喜欢灯带，详细沟通后发现到业主其实是喜欢欧式，只是怕卫生难做，以及考虑整体的预算投入。

　　综合这些情况最终确定以简欧为设计的主方向，设计所有的造型线条以直线条为主，并尽量以多层次为主，来营造出欧式的线条层次感。在为了体现一种低调奢华的感觉，所以采用了黑金色系：一个经典的搭配色彩搭配。结构上沙发边上的原始简力墙是一个非常大的原始结构问题，为了让客厅看过去更加完整，所以采用了护墙板搭配镜面的手法，让空间得到一种整体的释放，让人的视线的视线延伸进去，墙面会让客厅变的更大。

建筑面积：120 平方米

项目地点：福建福州

主要材料：墙纸、玻璃、艺术瓷砖

平面布置图

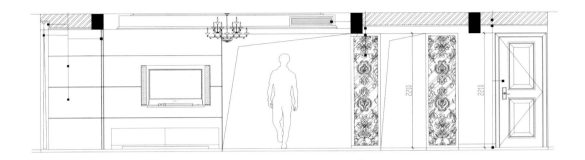

客厅立面图

Blending
相融

设计单位：福建国广一叶建筑装饰设计工程有限公司　**设计师：**谢颖雄

设计这套住宅时，设计者根据主人时尚、追求高品质的特点，无论在整体布局还是材料运用上，都巧妙地把欧式古典元素以现代的形式表现出来。

雅致的背景造型、考究的配饰、精湛的工艺，均是现代与古典相融的结晶，让主人的审美情趣在优美的线条、和谐的色调中自然流露。从玄关到客厅再到餐厅，空间流畅通明，名贵内敛的浅调天然石料是地面和墙身的主材，它们与水曲柳刷白造型墙壁形成鲜明而自然的对比。纯净的米色造型框架奠定了居室的基调，在装饰造型中放弃传统欧式风格中繁复的曲线与雕花后，明快的直线条勾勒出空间的清爽气质。

卧室与客厅相比较，个性更鲜明，因此在这里我们看到主卧选择了较为沉稳的色系，家具也是大角度宽松式的。旁边另一扇门内的女儿房色彩则温馨浪漫，入厅旁门内的男孩房在配饰上则以条纹为主体现出一股的阳刚之气。

建筑面积：130 平方米
项目地点：福建福清融侨城
主要材料：大理石、软包、砫岩

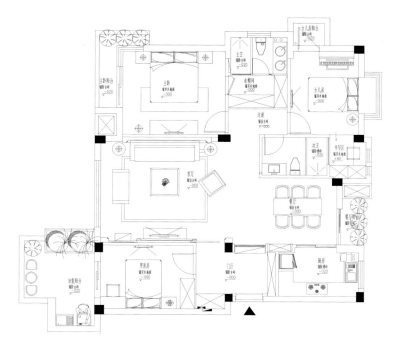

平面布置图

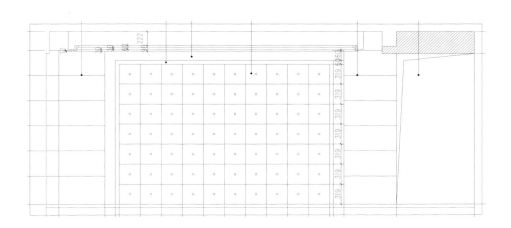

客厅立面图

Decoding life
解码人生

设计单位： 黄志达设计师有限公司　　**设计师：** 黄志达

　　这是一个被数字统治的时代，每个人都有很多的号码。身边的东西，都被打上条码，似乎所有的事物都可以被识别、被记录、被存储。看似枯燥无味的条码，其实也可以很精彩。

　　这套户型的男主人是一个年轻的技术精英，将条码一点一滴地写在他的家中，讲述着自己执着而简单的条码人生。室内空间以浅咖啡色为主色调，同时搭配蓝色、紫色的神秘浪漫以及黑白灰的认真执着。纹理清楚的大理石，奠定着他职业的清晰路线，黑镜及黑玻璃的衬托下，是主人酷酷而率真的个性。理性的直条纹则大量地出现在墙面、地面和家具上。

　　人生的条码，可以是抽象的也可以是具象的，可以是规则的几何图形，也可以是浪漫有韵律的节奏，可以是简洁明快的表达，也可以是杂乱无章的宣泄。只要用心去感受，每个条码，都可以讲述不同的人生故事，涂抹出不同的人生色彩。

建筑面积： 79 平方米

项目地点： 西安

主要材料： 大理石、马赛克

黑玻璃、黑镜、壁纸

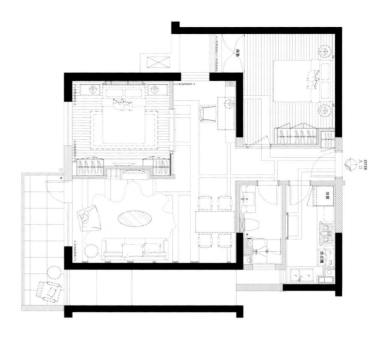

平面布置图

Color · Boundarye
色·界

设计单位： 福建国广一叶建筑装饰设计工程有限公司　**设计师：** 李超

　　进入本案，最先映入眼帘的是半弧形餐厅，一种低调奢华的风格。圆形的茶色吊顶上一盏流苏状的黑色水晶灯散发出深浅不一的光泽。与餐桌相对的，是一个储物柜，咖啡色的色调沉稳且富有质感。

　　从餐厅往右，便来到了客厅。客厅户型方正，墙面的设计是一个亮点。电视背景处，将大理石和茶色镜面进行搭配，对二者进行了相同的肌理处理。与电视墙遥相呼应的沙发墙，以咖啡色和米色的软包进行装饰，以条纹增加了空间的视觉长度。客厅的家具都选择了个性的黑色皮质沙发，犹如黑白电影一般，具有浓浓的复古韵味。

　　餐厅的左侧是卧室区。深色的实木地板迎合了摩登时代的华丽气质。卧室被一堵墙分隔为更衣间和睡眠区。卧室入门的一侧墙面延续了餐厅的墙面装饰，旁边摆上一盏时尚的落地灯，搭配上皮质单人沙发，稳重之中又蕴含一些俏皮。在灯光的映射下，即使是黑、白、咖啡色这些简单的色彩也能变幻出丰富的层次。

建筑面积： 135 平方米

项目地点： 福建福州

主要材料： 紫罗红大理石、镜面玻璃、艺术马赛克、布纹皮包、钨钢

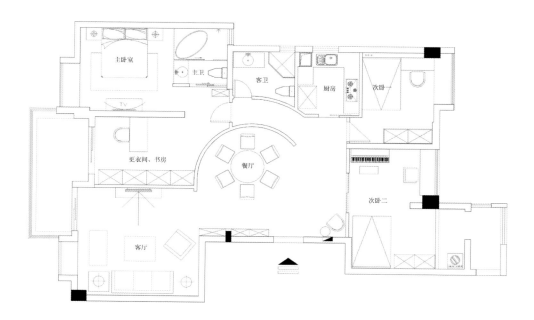

平面布置图

Pure · Mirrors
纯·镜

设计单位：威利斯设计　**设计师：**杨旭

　　本案以现代简约风格为主，大量使用原木色饰面板以及软包装饰墙面，赋予空间原汁原味、安逸祥和之感。此外，还在局部使用钛合金、银镜等质感十足的现代工艺点缀，空间又变得灵动跳跃，耐人寻味。

　　进门左手处是客厅，客厅与阳台相连接，顶部仅以简单的石膏线吊顶，中间安置瓷质吊灯，四周点缀以筒灯，空调排风扇参与沙发背景墙顶端，巧妙地做了隐藏，并增加了顶的层次感。客厅电视墙部分采用软包，两侧则采用银镜装饰，底下则安置了电视柜，通过刚直的线条和黑白灰三色来演绎电视墙的丰富层次。客厅沙发组采用乳白色棕色沙发，背景墙部分采用同种色系的墙纸，加上几幅现代风格的成品装饰画，勾画出整个客厅的优雅宁静。餐厅在一侧用不锈钢以及茶镜设置了装饰酒架，不仅层次感十足，同时又在视觉上扩大了餐厅的空间。主卧带有阳台，采光较为充足，延续了客厅的设计风格，简单石膏板吊顶，原木色饰面板，软包装饰床头背景以及电视背景墙。

建筑面积：130 平方米

项目地点：苏州常熟世茂三

主要材料：壁纸、软包、钛合

银镜、茶镜、仿古砖、地板

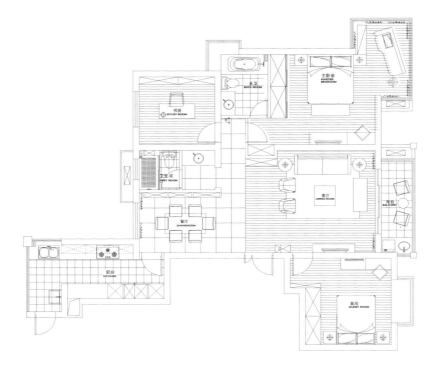

平面布置图

Mirror of the imagination
镜面的想象

设计单位: 福建国广一叶建筑装饰设计工程有限公司　**设计师:** 庄锦星

　　本案体现着主人的生活品质和独特的性格特征,因此室内设计师根据业主的不同嗜好拟定出不同的"家"的味道。一直以来,色彩都被看作是最能够直接传达本身的元素之一,而本案的特征之处正是在于,稳重的大地色泽之中透露出泛红的暖意,让空间平衡在冷暖之中,使人感到踏实、安逸。

　　原先这套空间较为局促,居住人口就两夫妻,固把厨房、餐厅、卧室和客厅设计为开放式。卧室和客厅中间通过白色竖纹百叶分隔空间,既美观又实用,卧室和餐厅处巧妙的通过更衣间的双推拉门分隔空间,提升推拉门的两用性。同时借用镜面玻璃的运用,反衬游走空间的阳光,在每天的不同时间阶段幻化出不同的风景,营造非凡的气氛。

建筑面积: 100 平方米
项目地点: 福建福州
主要材料: 木纹石大理石、比利、灰镜、银镜、大理石

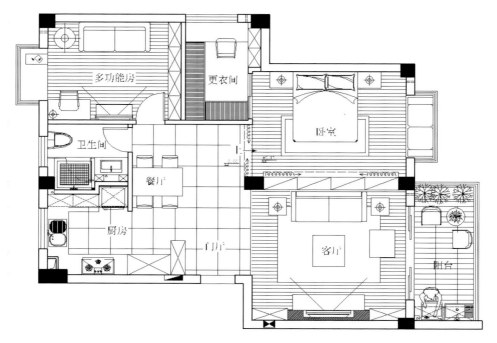

平面布置图

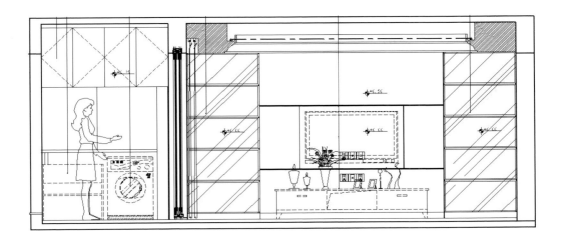

客厅立面图

Hong Yan Jing
香江枫景

设计单位： 福建国广一叶建筑装饰设计工程有限公司　**设计师：** 李云山

　　浮躁的心灵需要纯净的空间来安慰，纷繁世界中，我们渴望这份宁静，然而，黑与白容易带给人以乏味和冷酷之感，需要跳跃的色彩点缀其间。

　　空间中正是有几件红色的摆设才给人带来了愉悦的心情和愉快的心境。开放式的客厅与餐厅让面积不大的空间顿时有了延展，厨房巧妙地采用玻璃密封，既干净又美观。卧室依旧采用了黑与白的组合，简约而大气，木地板厚重考究。洗手间的处理同样构思巧妙，色彩柔和雅致。

建筑面积： 135 平方米
项目地点： 福建福州
主要材料： 玻化砖、橡木染色
线条索色、黑镜、白色乳胶漆

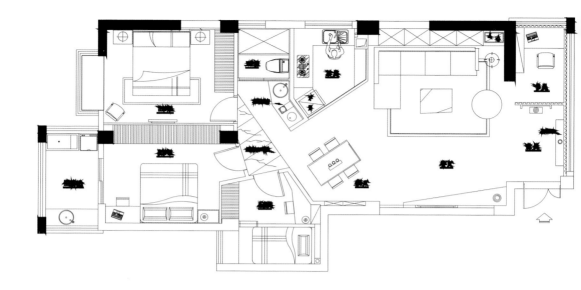

平面布置图

Geng City residential
庚城住宅

设计单位：福建国广一叶建筑装饰设计工程有限公司　　**设计师：**张晓玲

本案充分考虑业主需求，使原本面积不大的空间呈现出延伸感及营造出时尚的氛围。

在设计手法上，主要以层次、光感互相叠合，显示隐形空间区隔，并利用材料的变化，如石材、壁纸、木材与镜子，运用其质感与反射的不同；在简约中散发时尚品味，观景花园一角铺搭素简的绿色植物，展现自然韵味。

富有个性的黑色家具彰显了主人的品味与审美，让空间特色鲜明，不论是光洁的家具，还是硬朗的大理石，都是硬朗的性格，时尚的典范。

项目名称：中庚城住宅
建筑面积：130 平方米
项目地点：福建福州
主要材料：石材、实木地板、壁纸、灰镜

平面布置图

Enjoy blooming
尽情绽放

设计单位：黄志达设计师有限公司　**设计师：**黄志达

以"尽情绽放"作为设计主题的小户型，其女主人是一位美丽自信的都市女性，所以空间中采用了很多"女性"元素，并以流畅柔美的线条分割空间的不同区域，让小小的空间充满了自由和灵动，那份宁静背后暗藏着的热情，就像女主人的独立和柔美在空间中盛放。

简约的空间，以纯净的米白色为主色调。大大小小的圆形、流畅柔美的弧线，让视觉无限延伸。除去米白之外，还融合了粉、绿、橙、红等暖色，让原本单纯、冷硬的空间充满了妖娆和浪漫的情怀。每一个区域都有不同的格调，可是又不是独立地存在，它永远保留着一种不确定感，根据心情的变化而改变。

有生命的居所，融下的不仅仅是物质，还有女主人的情感和梦想。在这个不大却细腻的空间里，展示着她的故事，也展示着她精彩的每一天。

建筑面积：79 平方米
项目地点：西安
主要材料：彩玻、艺术壁纸、浅色木、大理石、马赛克等

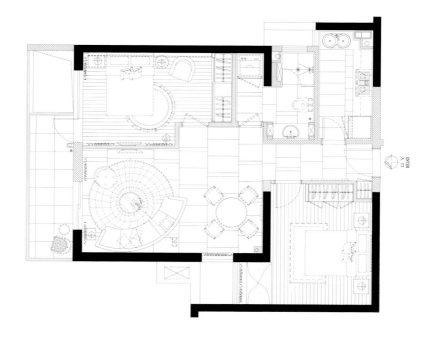

平面布置图

Sex and the City
欲望都市

设计单位： 黄志达设计师有限公司 **设计师：** 黄志达

　　都市生活匆忙而紧张，到处充满着琳琅满目的时尚元素。每天繁忙工作后，总是希望享受舒适而无拘无束的生活。曼哈顿风情的空间设计，正好迎合了回国创业的精英女性对生活的需求，她们自由奔放的性格可能有点反传统，向往西方生活的自由与便捷，也希望能够将不同国家的文化与艺术融入到家中。

　　空间中有不少细节的设置，小吧台、客厅的贵妃椅、主卧全透明的浴室，都折射出一种时尚与随意。亮面的材质，不锈钢、蚀花玻璃、镜子等，烘托出空间的前卫与精致，而天然纹理的实木，又让空间弥漫着一种女性的成熟之美。

　　为了让小孩房看来更加中性，在蚀花玻璃和墙纸上，都选用了相对简单的图案。黑白灰的寝具看似简单，但是与鲜艳的足球、球鞋和球衣搭配在一起，却也显现出一种孩子特有的单纯与活力。

建筑面积： 127 平方米

项目地点： 西安

主要材料： 酸枝木、皮、不锈钢、蚀花玻璃

Cross-country pride
越野豪情

设计单位： 黄志达设计师有限公司　　**设计师：** 黄志达

　　该户型的男主人是经营且喜爱越野车的私营老板，高收入的男士群体，拥有刚毅、俊朗的外表，对生活也有自己的独特品味，有时候像对车的要求一样，对家他们同样追求一种可以任由自己享受的舒适奢侈与随意优雅。

　　从推门的那一瞬间，就能感觉到奢侈与享乐的气氛。局部照明的处理，营造出一种精致而优雅的气质。空间中随处可见深红色的天然原木，它们清晰的纹理在微妙而柔和地变幻着，与镜钢、水晶等闪耀元素，很好地烘托出了整个空间的奢华与中性美。

　　奢华并不等同于奢侈，而是一种生活的品质。无处不在的奢侈舒适与随意优雅，正是主人所拥有的生活。整个空间带给人的高贵与气派，就像品味一辆名车一样，无须刻意炫耀，但是身在其中，就能感受到它带给人的高贵及激情。

建筑面积： 134 平方米
项目地点： 西安
主要材料： 钢琴漆、镜钢、晶、灰镜、皮等

平面布置图

Natural Zen
自然禅意

设计单位： DOLONG 设计　　**设计师：** 董龙

　　原户型门厅走道较长，空间对比较压抑，通过整合客卫及电脑房，使得走道面相对完整，通过镜面移门的运用，则增加空间感，立面竖向装饰的运用则达到提升空间的作用。原餐厅背景因为书房门的原因，相对不够完整，通过暗门的运用及立面装饰面的设计，既将整个面统一起来又起到门厅装饰墙的概念。

　　设计思路为悠闲东南亚，东南亚风格逐渐成为家装潮流的一大趋势，它诉说着一种悠闲的生活状态，带给我们无与伦比的快乐。若是说生活就是一个大舞台，那么家才是最为真实的舞台，当你走进这个家的时候，你会发现生活与设计是平等的，甚至融为一体，无处不设计，无处不生活，将家的表情诉说到底。

建筑面积： 150 平方米
项目地点： 南京龙凤玫瑰园
主要材料： 木纹石、烤漆玻璃、艺术石材、墙纸、水曲柳饰面、艺术地板

平面布置图

And the United States
以和为美

设计单位： 汉森国际

　　本户型空间布局合理，使用率高。为了表达出较高的品质和空间特点，设计师用现代中式手法来进行演绎。古典色彩黑、白、红、金在设计中被广泛使用，再配以现代中式家具，使本案体现出现代中式的设计风格。仿古的楹联和匾额，为书房空间增添了古典文化元素。红、黑、灰搭配的床品大气、整体，现代中透着古典韵味。客厅中仿荷叶的吊灯与墙面荷花装饰相呼应。

　　本案中"案，几，桌"的选用极为恰当，淡绿与黑色的搭配既表达了古典元素，又不失现代感，并为空间增添了尊贵气派的风格。仿古灯笼制成的吊灯，完美地烘托出了空间的氛围。餐厅中家具的选用，也为空间凭添了几分庄重与尊贵。精致的黑色石材收边，使中式元素这一风格得以延续。起居室与餐厅空间户型衬托，浅色的座椅洁净、舒适。墙壁上的组合式镜框布置颇有几分欧式设计风格的韵味。客厅空间采光很好，明亮阔绰，有很好的观景角度与方位。卧室中的超大飘窗使阳光、清风相拥入室，全面体现了以人为本的整体设计理念。

建筑面积： 200 平方米
项目地址： 北京市朝阳区
主要材料： 微晶石、黑色大石、壁纸、镜框

New Orientalism
新东方主义

设计单位： DOLONG 设计　　**设计师：** 董龙

　　"新东方主义"风格，将传统生活的审美意境与现代生活方式有机结合在一起，使家更富有魅力。走进这个居室之中，纯粹的两色既呈现了传统中式的幽幽意境，又无处不契合着居住者所向往的低调奢华，温馨典雅，黑白对比所塑造出的空间灵魂远远超乎了我们的想象。

　　精装修的房屋总是给人一种冷冰冰毫无生机的感觉，所以业主要求在不改变空间格局的基础上，按照自己对生活的理解，打造出充满蓬勃生命力的居室空间。客厅黑色的"L"型沙发，简洁的线条，超宽的坐面，厚重的色彩，赋予了家沉稳安静的基调，也便搭配各类软装。放置于沙发区中央的浅咖色与米色拼接的地毯，柔软的质地，将家居环境和表达的意境连接在一起，起到了过渡的作用。一幅具有艺术气息的水墨画，被安放在沙发后的墙面之上，在灯光的映衬下，流露出一份中式的深远意境。客厅区域的空间较大，屋主便在这里安排了一个吧台，黑色的吧台，与墙面长方形的字画，搭配的相得益彰，富有禅意的陶罐，使得写意、雅趣的气氛自然散发开来。

建筑面积： 208 平方米

项目地点： 南京金地名京

主要材料： 黑镜、橡木擦黑饰面、进口墙纸、火烧板、术花格、青竹

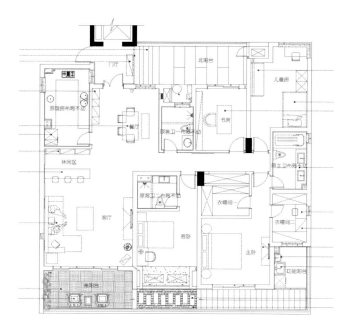

平面布置图

White dandelion
白色蒲公英

设计单位： MC 时尚空间设计　　**设计师：** 朱国庆

　　本案的设计采用了现代与田园两种元素的混搭，这种尝试带来了意想不到的效果。空间布局方面宽敞、简洁、大方。色调柔和统一，处处笼罩着温暖的余辉与迷人的光线。空间开敞，有流动感，米黄色与纯白色相互呼应，其间又不乏有布艺沙发、吊灯、毛毯等重色家居相搭配，丰富了空间的色彩层次的同时又让室内的气氛明朗，且性格突出。

　　卧室的背景墙做了砖纹肌理效果，令置身其中的主人心情放松，更为环境增添了几分家的温馨与质朴。卧室、书房那浅色的木地板与墙面的白色沿袭了其他房间的色调搭配方式，统一中又富于变化。

建筑面积： 100 平方米
项目地点： 上海闵行区

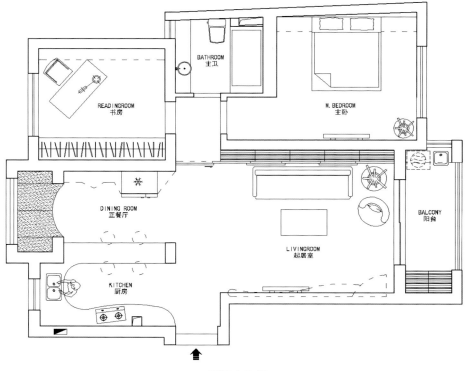

平面布置图

Mingju even park
名居连园

设计单位：杭州名居郑陈装饰设计有限公司

　　本案设计师用现代、简约的欧式设计风格来表现此住宅空间。在空间上，试图以欧式的生活方式同中国的生活习惯相结合，以创造完美的居住空间。在色彩的搭配上，设计师用永恒流行的灰色调来表现空间。

建筑面积：143平方米

　　在唯美高雅的空间中，用深色的家具与饰品来点缀，以此来提升空间的品味和保持空间的精美与完整。在材质上，舒适柔软的沙发与长毛地毯，温和地衬托着空间中的金属和镜面家具。在灯光的照射下，使其熠熠生辉，在空间中散发着迷人的光泽。黑色镀膜玻璃的吧台，深沉而富有光泽，并划分着客厅和餐厅，大气而现代。餐桌上台布的精美图案，配合着壁纸的现代风格，共同在烘托着空间。

Jiangwan new home
江湾新宅

设计单位： 张纪中室内建筑　**设计师：** 张纪中、郭松

对于在事业上刚刚略有所成的年轻一辈来说，这段时间是他们从追求生活品味的过程中寻找自我认知的头一步。他们用以起居的地方也是他们表现自我气质的展示空间。

近年简约主义于产品及室内设计大行其道，而其中以简单手法表现复杂且具意义的事物这种概念，正是年轻一代生活态度的投射。云云众多颜色之中，白色是最基本、最整洁，却又充满最多可能性。可能性就是一直追逐未来的这一代人的推进剂。由此观之，以白色作其精髓的简约风格设计不但标志着生活品味，也刻画业主们的认知。

项目名称： 广电江湾新城槫

建筑面积： 114 平方米

主要材料： 墙纸、软包、地
镜子

平面布置图

Flower City Pastoral
花城田园风

设计师：邱春瑞

　　开阔与通透是不可多得的空间美感,此案中木格栅的大量运用,连接多个功能区域,形成一气呵成的舒适明朗,同时透过阳台洒落的光影让室内融合一体,再配以中式意韵的灯具和软饰,调配出现代中式静谧而大气的氛围,俐落手法修饰,创造出强烈的视觉震憾。

　　严谨的态度、艺化的手法、穿透的空间美感,缔造出幽雅自然空间之氛围,引导人们的心境内化,并与环境相融。

项目名称：珠海招商花园城式样板房

建筑面积：135 平方米

项目地点：珠海市香洲区

主要材料：木格栅、实木地金香玉大理石、山西黑大理木饰面板

生活阳台

▼0.350
▼0.470
▼0.210
▼0.00

厨房

次卫

小孩房

主卫 UP

▼+0.150

玄关

过道

书房

▼+0.150 UP

客厅

次卧室

主卧室

餐厅

露台

平面布置图

Crystal seasons Regalia
晶苑四季御庭

设计单位： 壹正企划有限公司　**设计师：** 罗灵杰、龙慧祺

　　这是一间充分展现出屋主生活习惯及对美食爱好的样板屋，设计师以"行政总厨"为题，表现出一个热爱厨艺的人总希望为身边的家人及朋友随时大展身手，烹调美味食材与众分享，因此通过室内设计将兴趣渗入家居设计当中，设计师巧妙地将不同的食材、厨具及烹调配件等为题材并将之演化成家具及室内设计，诠释了爱厨人士的喜好与生活空间两者的微妙关系。

　　设计师进行设计时有很多天马行空的概念，亦非常重视新颖及创意的元素，这间样板屋以热爱厨艺者的家为主题，既然烹调手法及食材的选择是可以有无限的变化，因此在设计时每间房间都塑造出不同形式的烹饪概念，这不单可以免除过于沉闷外，亦充分展现出设计手法的多元化。

建筑面积： 280 平方米

项目地点： 上海

主要材料： 地毯、窗帘、窗纱、卷帘、绒布、镜钢、砂钢、锈钢、玻璃、镜、夹纱玻璃、云石、仿石、麻石、防火板、墙纸、实木、木地板、木皮、马赛克

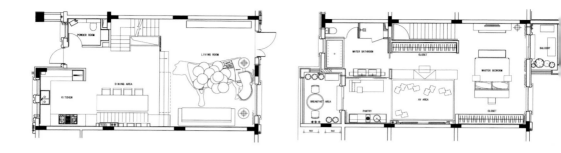

平面布置图

Simple Chinese wind
简约中国风

设计单位： 威利斯设计公司　　**设计师：** 蒋娟

设计师在房子原有结构的基础上进一步明确了不同区域的功能性，并稍加改造使其更为合理。

本案定位于现代简约风格，以黑白灰为基调，通过黑白灰的深浅变化来展现现代生活的艺术与魅力。房屋的顶部几乎没有修饰，仅仅以简单的石膏线和几盏筒灯来点缀，简约而不失层次感。墙壁也仅仅以现代风格的装饰画点缀，填充空间的视觉效果。

客厅配以极具线条感的布艺沙发，电视墙部分设置储物柜和地柜，并在墙壁上安置了隔板，保证了客厅的收纳。会客区和学习区家具选用板式家具，板式家具本身的清新亮丽无需更多的装饰即能带来别样的享受。主卧的墙壁采用了紫色的装饰墙纸，窗帘也配以同色系，紫色带来的高贵、温馨、神秘、典雅的气息弥漫了整空间。

建筑面积： 120 平方米
项目地点： 江苏苏州市

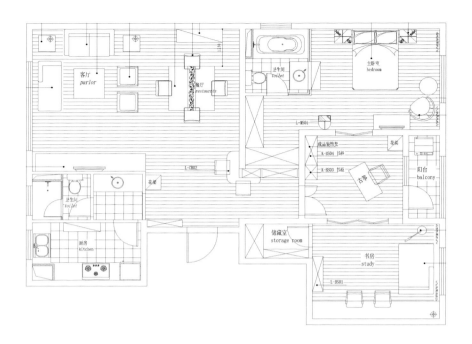

平面布置图

On Fort Tibetan Museum
上堡藏馆

设计单位： GID 国际设计　　**设计师：** 曾建龙

这个上堡藏馆以收藏紫砂壶为主，同时又带有茶道文化的气氛，主人希望通过这个平台能结识一些志同道合的人群一起来玩壶，做到以茶会友、以壶论人生。

设计应用了当代东方设计语言来进行空间的表现，在空间里设计了两个功能空间，公共大厅展示区以及两个包间。

设计通过线、面的关系来进行空间结构塑造，从而传递了空间的艺术气息以品味表达，同时代表设计师用一种简单方式来解读当代东方文化的语言。空间的主调以黑白为主色系，在机理木材选择鸡翅木为主饰面板，这样可以更好的表现出收藏品的质感。

建筑面积： 94 平方米

项目地点： 浙江温州市

主要材料： 仿古砖、涂料、翅木

平面布置图

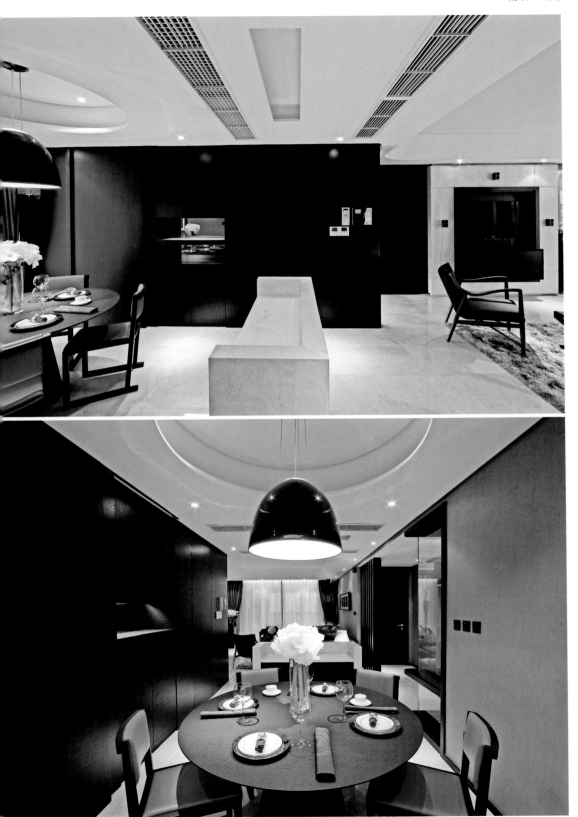

White memory
白色记忆

设计单位：广州共生形态工程设计有限公司　**设计师：**彭征

　　置身这梦幻般的洁白与柔美之中，享受着整个空间带来的舒适体验，客厅尤为明显，唯有沙发的背景墙以灰度中和着那满目的纯白色。唯有嫩绿色能与之搭配，餐厅最能调动这份活泼，同样的白色餐桌，因为有了旁边的绿色装饰画演绎着活泼的跳动生机。

　　卧室无需过多的赘述，白色在淡灰色的映衬下，浪漫别致，弥漫着淡淡的慵懒。儿童房为了调节白色的单调，加入了更多的色彩，却不失考究，亮丽而不媚俗，在保护儿童视力的同时也培养了孩子审美的高度。

建筑面积：120 平方米
项目地点：广东 广州市
主要材料：墙纸、大理石、木地板砖

平面布置图

Of Genting "as the" sector
云顶 "视" 界

设计单位: 福州创意未来装饰设计有限公司　　**设计师:** 郑杨辉

　　本案设计师对于此空间的情感表达是据以对新东方意境文化的空间体验, 用当代的视野和设计手法, 诠释对空间精神的塑造, 简约的直线和温馨柔和的视觉感受是设计者要表达的满足居者对空间的诉求, 室内空间既能收纳东方的韵味又能焕发时尚的活力, 空间中能敞开的地方都已全部释放, 让视线穿梭于空间中。

　　为营造当代新东方的室内空间的意境氛围, 大面积得选用了灰色玻化砖系列, 质感稳重同时质地透亮, 用工字型铺贴, 活跃了空间的形式, 整体的空间有了一个完整的灰色基调, 加上家具造型的内敛稳重安静, 恰当的表现了新东方的内敛安静的空间精神。黑白颜色让人感觉宁静, 以点作画的手法, 带给人抽象、空灵的想象空间。画, 以点带面而成, 与客厅的线、面、块融合。深棕色皮布沙发, 闪光银材质的靠垫, 与整体的暖灰色调共处, 再加以质朴环保的软木的呼应, 予人 "内敛的现代" 之感。

建筑面积: 148 平方米
项目地点: 福州天俊云顶
主要材料: 灰色玻化砖

平面布置图

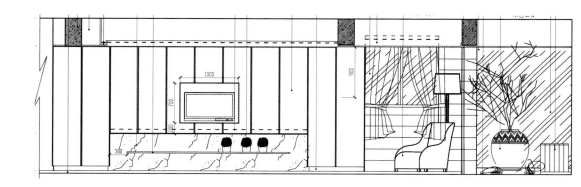

电视背投立面图

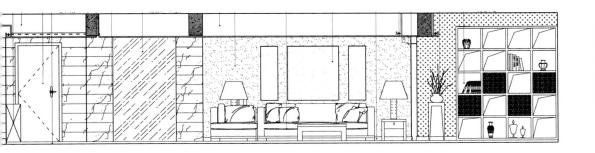

客厅立面图

Ideology
意识形态

设计单位： 福建国广一叶建筑装饰设计工程有限公司　　**设计师**：何如谷、何小娟、陈晓峰

　　现代都市人生活繁忙之极，随时被种种压力笼罩，回家后迫切需要一个舒适的安乐窝。不奢华、不浮夸、相反，憩静、优雅却是这个居室的主要风格。

　　本案中设计师采用了单一色调和简洁利落的家具，使本来平淡无奇的物料变得与众不同，打造出了主人心目中的他的童年、理想居所。

　　室内家具的整体色调偏于厚重，因此，顶部的处理与墙壁的处理都偏于灰白色，地毯的色调也形成了反衬，木地板中和的这种矛盾的冲突之感，采用了暖色的木地板加以装饰。

　　儿童房则更为偏重淡雅，轻松愉快，主卧也是同样的风格，简洁大气，榻榻米的设计照顾了实用性，品茶、对弈，或是睡前的一捧书斋，都是禅意芬芳的享受。

建筑面积： 160 平方米

项目地点： 福建福州

主要材料： 大理石、马赛克、实木地板、玻璃

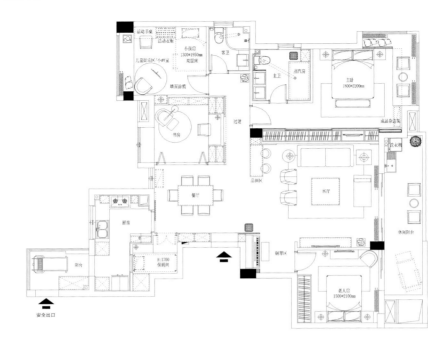

平面布置图

Elegant
雅

设计单位： 昆明中策艾尼得家居体验馆　　**设计师：** 孙冲

　　本案在满足居家实用性的同时，具有个性特色而又不张扬的温馨居住空间，雅致而清新。结合建筑外观现代风格的设计，打造具有个性特色而又有文化气息的高品质生活空间。

　　设计师把原客餐厅不合理的布局规划合理并让空间更加舒适和宽敞，并利用木质线条营造门厅氛围，使整个空间都弥漫着淡淡的原木色调，柔美而别致。

　　室内的墙面装饰也是十分考究，如内嵌的水族箱，挂画的选择也与环境十分般配。

建筑面积： 160 平方米
项目地点： 云南昆明

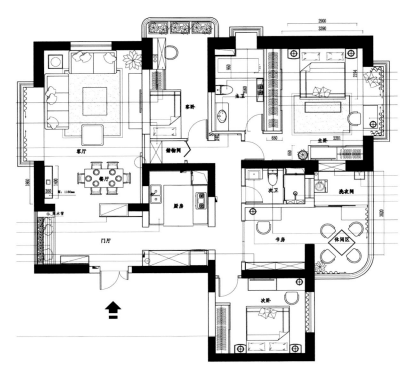

平面布置图

Top of life between black and white
黑白之间　生活之上

设计单位：萧氏设计　**设计师：**萧爱华、李林波

　　奔走在白昼，休憩于黑夜，黑白的轮回交织出生活原始的架构。无尽的日夜将心灵涂抹得声色俱魅，于是，回归古朴成了一种思想释放的诉求：黑白之间，生活之上。

　　隐匿于黑色，彰显自白色，处于这个色调分离的空间，精简的是架构，提炼的是形式。以选材的严谨、细节的把握，重新诠释和解构空间运用的概念。后现代的简约风格与线面运用，把视觉催化成错觉，深陷纬度的张力与延伸，不可自拔。粗糙原始的墙面和肌理做旧的木门，将记忆拉回那个久远的年代，停驻黑白的空间，散发怀旧的馨香。冷艳的感性在矛盾中轰然屹立，突兀而无可厚非，丰富了时空堆砌的日子。家具延续了黑白的纯粹与强烈，以条纹剥离层次、渲染空间，成全设计艺术与功能的并置，层叠灵魂喧嚣和宁谧的统一。无须繁复的饰品，加以冥想的点缀，孕育一种克制的放肆。

建筑面积：102 平方米

项目地点：江苏苏州

主要材料：肌理墙、釉面砖、微晶石

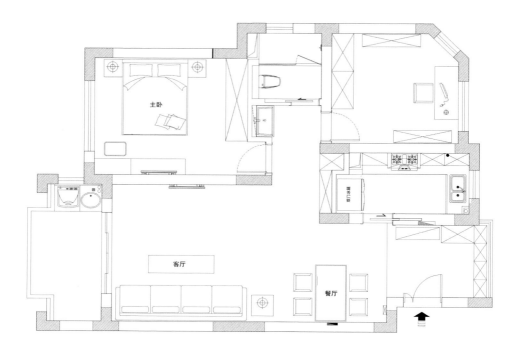

平面布置图

The story behind
背后的故事

设计单位： 福建省福州市大木和石空间规划工作室　**设计师：** 陈严

　　运用材质的搭配和虚实结构的拿捏，创造出空间精致度与质感，展现屋主独特的生活品味。现代的居家空间是自然、干净的，不需有太多装饰，整体设计手法极为简洁，"以纯为美"的用材理念与简约的奢华风格浑然天成。

　　结构简单的布置便于划分功能区，简洁实用。整个客厅以米黄色大理石和深咖啡色木头搭配，体现出现代、休闲、自然的精神内涵。

　　沙发背景利用浅色软包材质把一些简单的几何体，连接为一个独特的大几何体，再配合深色沙发。餐厅处独具特色的装饰酒柜，与全高灰镜相互辉映。随着日与夜不同的光线，为屋子带来不一样的感觉和气氛。

建筑面积： 150 平方米

项目地点： 福建福州市

主要材料： 米黄大理石、深咖啡木材、软包

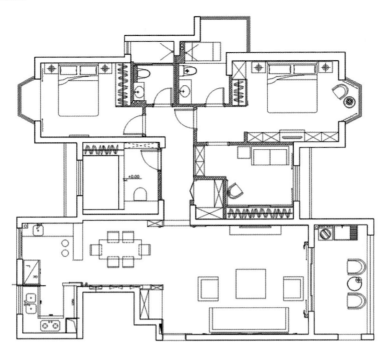

平面布置图

Elegant Overture
典雅序曲

设计单位：福建国广一叶建筑装饰设计工程有限公司　**设计师：**黄可树

　　本案例为奢华时尚风格特色，从动线的更改到材质的选定，从空间的视觉秩序到光影的变化延伸，无不为了呼应奢华的特质及戏剧的张力性，从而架空出设计师强有力的设计语言。

　　空间整体选用灰色微晶石铺砌深邃的墙面主题，不仅漫射出炫丽的光泽，更有视线聚集的作用，藉由复制内部生活影像产生的叠影效果，形成华丽且引人注目的端影装置。

　　餐厅与客厅区域采用开放式规划，灰色微晶石材质从沙发背景墙延伸开来，成为餐厅的主要端景墙面，同时将进入私密区域的入口包含其中，围塑空间里立面纯粹的协调。藉着材质的效果，为开放式的厅区营塑深邃沉稳的氛围，与古典线条一起形塑优雅的家私，共同酝酿空间里的典雅序曲。

建筑面积：150 平方米
项目地点：福建福州
主要材料：灰色微晶石、墙纸、古典线条、软包、黑镜

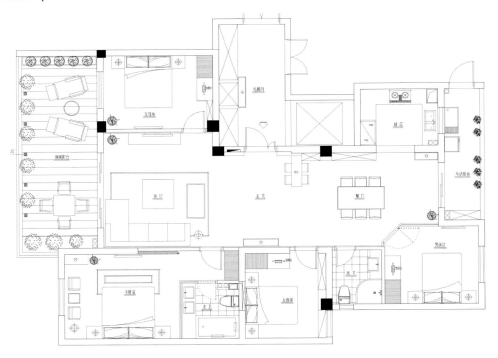

平面布置图

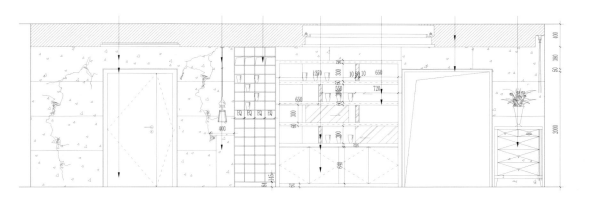

客厅立面图

Freehand Oriental
写意东方

设计单位： 江西联动建筑装饰工程有限公司　**设计师**：童武民

在 60 平方米左右空间，不仅要满足居住的功能和舒适，同时还要置入家居品质和文化需求，这是一个命题作文。

整体设计稳重中不失现代感，色调偏重于青石灰色系，结合了木质的原色，古朴大方，自然典雅，大量运用原木质感的家具表达了对天然原生态的热爱，空间处理上充分利用镂空隔断制造明确的区域划分。大理石与布艺结合，两种质感相互碰撞产生出了坚硬与柔美的反差，各种摆件穿插其间，让室内环境充满了梦幻和神秘色彩。

建筑面积： 65 平方米
项目地点： 江西上饶市
主要材料： 地板、墙纸、大理石、高档抛光砖、沉船木

阳台

WC

1100

书房

餐厅

客厅

主卧

厨房

入口

平面布置图

图书在版编目（CIP）数据

精致公寓.第二辑 /《亚太名家设计系列》编委会编.-- 北京：中国林业出版社，2016.11（亚太名家设计系列）
ISBN 978-7-5038-8762-8

Ⅰ.①精… Ⅱ.①亚… Ⅲ.①住宅－室内装饰设计－
亚太地区－图集 Ⅳ.① TU241-64

中国版本图书馆 CIP 数据核字 (2016) 第 259103 号

【亚太名家设计系列】——精致公寓
· 编委会成员名单
　主　　编：贾　刚
　编写成员：贾　刚　牛晓霆　何海珍　刘　婕　夏　雪　王　娟　宋晓威
　　　　　　黄　丽　程艳平　高丽媚　汪三红　肖　聪　张雨来　韩培培
· 特别鸣谢：中国建筑装饰协会设计委

中国林业出版社 · 建筑分社
责任编辑：纪 亮　王思源

出版：中国林业出版社（100009 北京西城区德内大街刘海胡同 7 号）
网站：lycb.forestry.gov.cn
印刷：北京利丰雅高长城印刷有限公司
发行：中国林业出版社
电话：（010）8314 3518
版次：2017 年 3 月第 1 版
印次：2017 年 3 月第 1 次
开本：170mm×240mm 1/16
印张：14
字数：150 千字
定价：128.00 元